全国职业技术院校模具制造/模具设计专业

模具制造工艺(第二版)习题册

中国劳动社会保障出版社

简介

本习题册是全国职业技术院校模具制造/模具设计专业教材《模具制造工艺（第二版）》的配套用书。本习题册紧扣教学要求，按照教材的章节顺序编排，注重专业知识的巩固，知识点分配均衡，题型丰富多样，难易配置适当。

本习题册由汤忠义主编。

图书在版编目（CIP）数据

模具制造工艺（第二版）习题册/汤忠义主编. —北京：中国劳动社会保障出版社，2016

ISBN 978-7-5167-2803-1

Ⅰ.①模… Ⅱ.①汤… Ⅲ.①模具-制造-生产工艺-职业教育-习题集 Ⅳ.①TG760.6-44

中国版本图书馆 CIP 数据核字(2016)第 251830 号

中国劳动社会保障出版社出版发行

（北京市惠新东街 1 号　邮政编码：100029）

*

北京谊兴印刷有限公司印刷装订　新华书店经销

787 毫米×1092 毫米　16 开本　4.25 印张　99 千字

2016 年 11 月第 1 版　2023 年 12 月第 5 次印刷

定价：8.00 元

营销中心电话：400-606-6496

出版社网址：http://www.class.com.cn

http://jg.class.com.cn

目　录

第一章　模具零件机械加工工艺规程及制造技术要求

第一节　模具零件机械加工工艺规程的编制

一、填空题

1. 一个模具零件的机械加工工艺过程由若干道工序组成，而每一道工序又可细分为________、工位、________和走刀。

2. 一个模具零件的加工、安装次数越多，所需辅助工时就越多，还会产生________误差。

3. 模具零件机械加工工艺规程包括各工序的______________、__________________、__________、____________、所采用的机械设备及工艺装备。

4. 生产中常见的机械加工工艺文件的格式有______________________________卡片、__________________卡片、__________________卡片。

二、判断题

1. 工作地点、加工对象发生改变及加工过程不是连续的，都不能算作同一工序。（　）

2. 在同一道工序中，有时工件需要进行多次装夹。（　）

三、选择题

1. 工艺过程不包含________。

A. 毛坯制造工艺过程　　B. 零件的机械加工工艺过程

C. 装配工艺过程　　D. 机床调试过程

2. 下列加工轴的工作都由一个工人连续完成，不能算作一道工序的是________。

A. 车外圆并倒角　　B. 车端面打中心孔

C. 铣键槽并去毛刺　　D. 磨外圆

3. 用于小批量生产的机械加工工艺文件是_________。

A. 机械加工工艺过程卡片　　B. 机械加工工艺卡片

C. 机械加工工艺过程说明书　　D. 机械加工工序卡片

四、名词解释

1. 工位

2. 工序

3. 工艺路线

4. 机械加工工艺过程卡

五、问答题

1. 简述编制模具零件的加工工艺规程时应考虑的因素。

2. 制定工艺规程时应准备哪些相关资料？

第二节　模具制造技术要求

一、填空题

1. 落料零件的尺寸与精度取决于________模刃口尺寸，冲孔零件的尺寸与精度取决于________模刃口尺寸。

2. 弯曲凸、凹模的加工次序，对于尺寸标注在内形的制件，一般先加工________模，而________模按________模配制加工，并保证规定的间隙值；对于尺寸标注在外形的制件，应先加工________模，而________模按________模配制加工，并保证规定的间隙值。

3. 对拉深模进行热处理时，应设法防止____________和________的出现，致使表面硬度降低。

4. 冷挤压模具的凸模经最后磨削加工后，工作部位应与紧固部位保持________。工作部位的形状也应严格保持________，否则会使挤出的制品壁厚不均匀。

5. 零件在冷挤压时，模具工作部分的凸、凹模要承受强压力，并且工作温度可高达300～400℃。这就要求冷挤压模应具有________以及足够的韧性与________，同时还需具有一定的________性，即______稳定性。

6. 塑料压塑模导柱、导套安装孔位置应一致，配合间隙应合适。成形孔、嵌件孔、型芯固定板上的型芯孔等均应与导柱、导套孔保持一定的________，以便模具装配后________。

7. 塑料注塑模的成形零件一般均应钳工修整。修整的原则是：凸模尽可能修整到________极限尺寸，凹模尽可能修整到________极限尺寸，这样可以延长模具的使用寿命。

二、判断题

1. 对于单件生产的冲裁模和复杂形状零件的冲裁模，其凸、凹模应采用配作法加工。（　）

2. 在制造冲裁模时，同一副模具凸、凹模的间隙应力求在各个方向上一致，并要均匀，采用最大合理间隙值。（　）

3. 在制造弯曲模时，必须要考虑材料的回弹值，以使所弯曲的制件符合图样规定的技术要求。（　）

4. 拉深模凸、凹模的热处理淬硬工序，一般在装配试模合格后进行。（　）

5. 对于大中型拉深模，其凸模应留有通气孔。（　）

6. 在加工冷挤压模凸模时，凸模的两端应预留磨削时打中心孔所需的凸台，并在磨削后保留。（　）

7. 塑料模的制造要注意分型面的密合性，不能有很大的间隙存在。（　）

三、选择题

1. 冷冲压模具对冲裁件断面质量影响最大的是________。

A. 凸、凹模尺寸精度　　B. 凸、凹模形状精度

C. 凸、凹模表面质量　　D. 凸、凹模间隙及其均匀性

2. 一般情况下，圆形凸模与凹模应按________精度加工。

A. IT2～IT3　　B. IT5～IT6

C. IT8～IT9　　D. IT9～IT10

3. 保证冲模冲制的制品零件质量长期稳定，要求凸模有较高的________。

A. 表面质量　　B. 尺寸精度

C. 形状精度　　D. 耐磨性

4. 对于尺寸标注在外形的制件，弯曲凸、凹模的加工次序应是________。

A. 先加工凸模　　B. 先加工凹模

C. 凹模、凸模同时加工　　D. 没有顺序

5. 一般中小型拉深模，其热处理硬度要求为________。

A. 凸模 45 ~48HRC，凹模 50 ~52HRC

B. 凸模 50 ~52HRC，凹模 58 ~62HRC

C. 凸模 58 ~62HRC，凹模 60 ~64HRC

D. 凸模 60 ~64HRC，凹模 58 ~62HRC

6. 模具与塑料接触部位一般表面粗糙度 *Ra* 为________。

A. 0. 32 ~1. 25 μm　　B. 1. 6 ~3. 2 μm

C. 3. 2 ~6. 3 μm　　D. 6. 3 ~12. 5 μm

四、问答题

1. 简述编制模具零件加工工艺规程步骤。

2. 简述冲裁模中的凸模与凹模的加工原则。

3. 弯曲模中的凸模与凹模的加工顺序是怎样的？

4. 拉深模在热处理时应注意些什么？

5. 简述塑料模热处理的特点。

第二章　模具零件的机械加工

第一节　模具结构零件的机械加工

一、填空题

1. 构成导柱和导套的基本表面都是回转体表面，根据它们的结构尺寸和设计要求，可以直接选用适当尺寸的________作坯料。

2. 在导柱的加工过程中，外圆柱面的车削和磨削都是以两端的中心孔定位，这样可使外圆柱面的________基准与________基准重合。

3. 导柱在热处理后修正中心孔，目的是________过程中可能产生的变形和其他缺陷，获得精确定位，保证形状和位置精度要求。

4. 修正中心孔可以在__________和__________或专用机床上进行。

5. 研磨导套时，容易产生的缺陷是________。

6. 模座加工主要是__________和__________的加工，为了使加工方便且能保证加工技术要求，在各工艺阶段应先加工________，再以________定位，加工________。

7. 加工平面的方法主要有_____________、______________、_________、_________、________和________等。

二、判断题

1. 精车特别适合于有色金属的精密加工。（　　）

2. 挤压法一般用于修正精度要求较高的顶尖孔。（　　）

3. 研磨导柱和导套的研磨套和研磨棒一般用铸铁制造。（　　）

4. 铰孔是对淬硬后的孔进行精加工的一种方法。（　　）

5. 铰孔时通常是自为基准，纠正孔的位置误差的作用很差。（　　）

6. 对于小批量生产的非标准孔、大直径孔、精确的短孔、盲孔及有色金属件上的孔等，一般多采用镗孔。（　　）

7. 孔的研磨能修正前道工序所产生的几何形状误差和轴线位置误差。（　　）

8. 轴类零件常用圆棒料和锻件作坯料。（　　）

三、选择题

1. 某导柱材料为40号钢，外圆精度要达到IT6，表面粗糙度 Ra 为0.8 μm，则加工方案可选________。

A. 粗车→半精车→粗磨→精磨　　　B. 粗车→半精车→精车

C. 粗车→半精车→精车→精磨　　D. 粗车→半精车→粗磨→精磨

2. 有色金属的外圆精度要达到 IT6，表面粗糙度 Ra 为0.4 μm，则加工方案可选________。

A. 粗车→半精车→粗磨→精磨　　B. 粗车→半精车→粗磨→精磨→研磨

C. 粗车→半精车→精车→精磨　　D. 粗车→半精车→精车

3. 导套材料为40 号钢，要求硬度为 58 ~ 62HRC，内圆精度为 IT7，表面粗糙度 Ra 为0.2 μm，则内孔加工方案可选________。

A. 钻孔→镗孔→粗磨→精磨→研磨　　B. 钻孔→扩孔→精铰

C. 钻孔→拉孔　　D. 钻孔→扩孔→粗磨→精磨→研磨

4. 车削长径比很大的导柱外圆时，为减小变形，采取的措施有________。

A. 选用较大的切削用量　　B. 选用较大的刀具主偏角

C. 采用反向进给切削法　　D. 尾座顶尖采用死顶尖

5. 研磨用于内外圆柱面及平面等加工，可提高________，降低________。

A. 尺寸精度　　B. 表面粗糙度

C. 位置精度　　D. 形状精度

6. 铰孔主要用于加工________。

A. 大尺寸孔　　B. 中小尺寸已淬硬孔

C. 中小尺寸未淬硬孔　　D. 盲孔、深孔

四、名词解释

1. 研磨

2. 内圆珩磨

五、问答题

1. 加工导柱时常以什么作定位基准？为什么？

2. 中心孔对加工质量有什么影响？

3. 保证导套类零件各主要表面相互位置精度的方法有哪几种？

4. 防止套类零件加工变形的工艺措施有哪些？

5. 导柱、导套的加工工艺过程大致可划分成哪几个加工阶段？

6. 导柱零件图如图 2—1 所示，试编写其加工工艺过程。

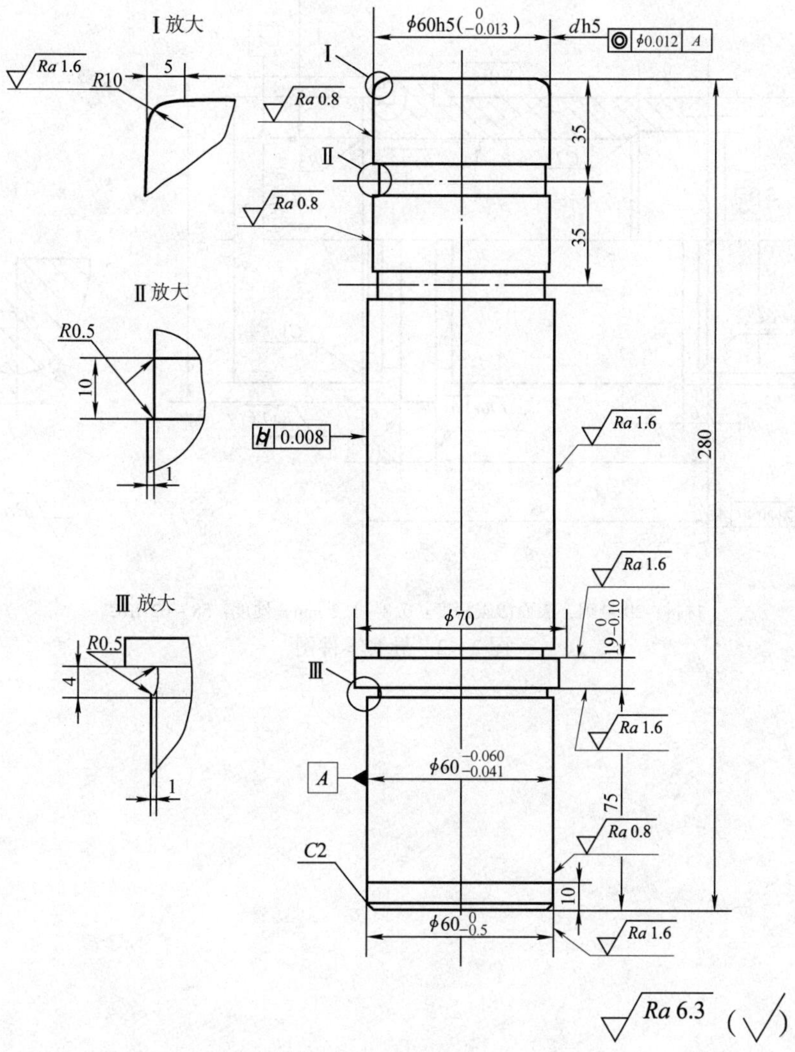

材料：20 号钢，表面渗碳深度：0. 8 ~ 1. 2 mm，硬度：58 ~ 62HRC。

图 2—1　导柱零件图

7. 导套零件图如图 2—2 所示，试编写其加工工艺过程。

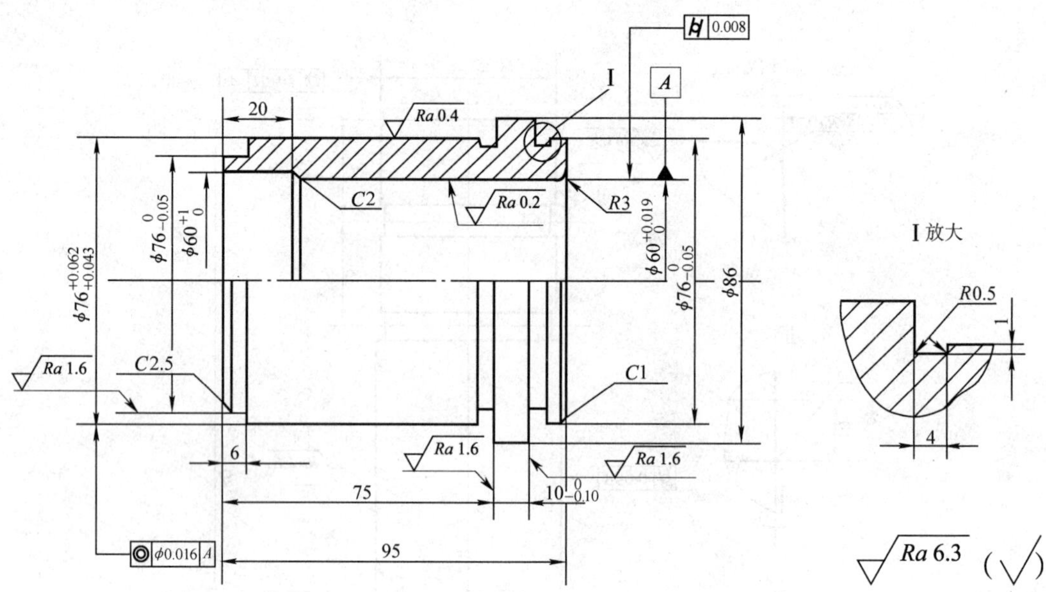

材料：20 号钢，表面渗碳深度：0. 8 ~ 1. 2 mm，硬度：58 ~ 62HRC。

图 2—2　导套零件图

8. 冲模滑动导向模座零件图如图 2—3 所示，试编写其加工工艺过程。

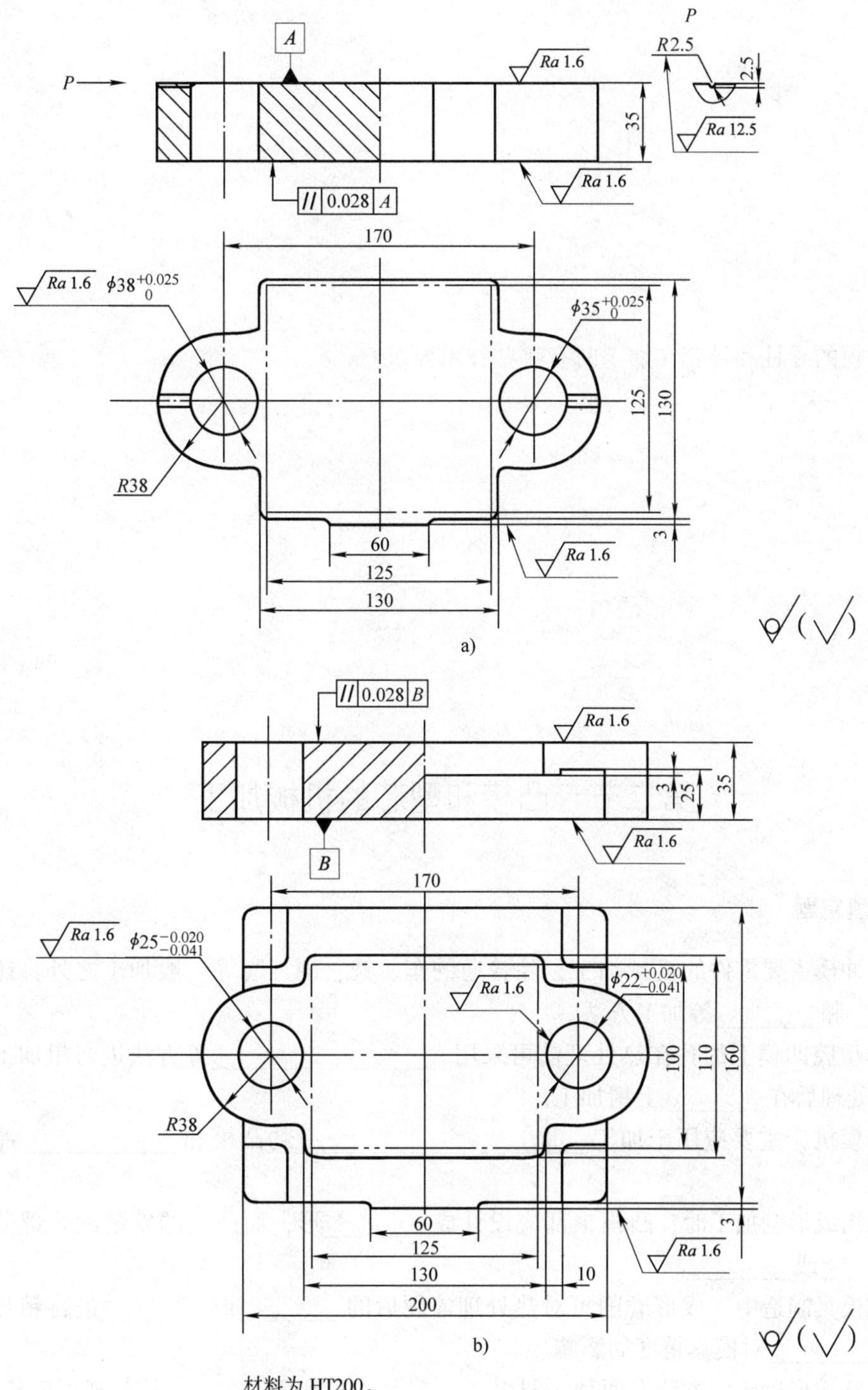

材料为 HT200。

图 2—3　冲模滑动导向模座零件图

a）中间导柱上模座　b）中间导柱下模座

9. 冲模的导柱和导套在加工时有哪些技术要求？

第二节　凸模和型芯的机械加工

一、填空题

1. 冷冲模主要零件的机械加工，除普通的车、铣、刨、磨等一般加工之外，还常常使用________和________等加工方法。

2. 单型腔凹模上的孔在热处理前可采用________、________等方法进行粗加工和半精加工，热处理后在________上精加工。

3. 刨模机床主要应用于加工______________________的凸模和____________冲头等零件。

4. 采用成形刨加工时，凸模根部应设计成________形，而凸模的安装配合部分则可设计成________或________。

5. 在模具制造中，成形磨削可对热处理淬硬后的________或________进行精加工，因此可消除________对模具精度的影响。

6. 修整成形砂轮的方法有两种，即用_____________和用________修整成形砂轮。

7. 成形砂轮磨削法是________的形状，然后进行磨削加工，以获得所需的成形表面的加工方法。

8. 用金刚石修整成形砂轮是将________固定在________上对砂轮进行修整。

9. 修整成形砂轮的夹具有____________________和____________________。

10. 成形磨削的原理就是将磨削的轮廓分成________和________逐段进行磨削，并使它们在衔接处________，符合____________。

11. 常见的成形磨削夹具有正弦精密平口钳、________、________和________夹具等。

12. 夹具磨削法是借助于________，使工件的被加工表面处在________________位置上，或使工件在磨削过程中获得________________，磨削出成形表面。

13. 工件在正弦分度夹具上的装夹方法有________和________两种。

14. 正弦分度夹具适用于磨削________的凸圆弧，对于凹圆弧磨削，则需要用________配合进行。

15. 正弦精密平口钳与________配合，能磨削出平面与圆弧面所组成的复杂成形面。

16. 万能夹具因具有________，可移动工件的________，因此它能较容易地完成对不同轴线的凸、凹圆弧面的磨削工作。

17. 万能夹具磨削平面时，可利用________将被加工表面调整到________位置，用砂轮进行磨削。磨削圆弧时，可利用________将其圆心调整到________回转轴线上，用回转法进行磨削。

18. 在成形磨削之前，需要根据________尺寸换算出所需的________尺寸，并绘出成形磨削________图，以便进行成形磨削。

19. 万能夹具由________、________、________和________等部分组成。

二、判断题

1. 采用成形磨削加工，是将被磨削的轮廓划分成单一的直线和圆弧段逐段进行磨削。（　）

2. 成形磨削法就是采用成形砂轮的磨削方法。（　）

3. 用成形砂轮磨削法一次可磨削的表面宽度不能太大。（　）

4. 若被磨削的工件是凸圆弧，则修整凹圆弧砂轮的半径应比工件的圆弧半径小。（　）

5. 若被磨削工件是凹圆弧，则修整凸圆弧砂轮的半径应比工件圆弧半径小 0.01 ~ 0.02 mm。（　）

6. 夹具磨削法是借助夹具使砂轮按成形要求固定或不断改变位置，与机床进给运动配合，从而获得所需要的形状。（　）

7. 采用正弦精密平口钳和正弦磁力台这两种磨削夹具，只能磨削平面。（　）

8. 正弦分中夹具可磨削凸模上具有同一轴线的不同圆弧面、等分槽及平面。（　）

9. 成形磨削只能在工具磨床上辅以夹具进行。（　）

10. 万能夹具只能磨削凸模上具有同一轴线的不同圆弧面、等分槽及平面。（　）

11. 在成形磨削时，所选定的工艺基准一般应与设计基准一致。（　）

12. 仿形磨削主要用于磨削尺寸较小的凸模和凹模拼块。（　）

13. 用机械加工的方法精加工非圆形凸模，只能用压印锉修法。（　）

14. 经仿形刨削加工的凸模应与凹模配修，热处理后，不需要研磨和抛光工作型面，保证凸模与凹模的间隙适当而均匀。（　）

15. 仿形刨床加工凸模的生产率高，凸模的精度不受热处理变形的影响。（ ）

三、选择题（单项或多项选择）

1. 成形磨削可以用来加工________。

A. 凸模　　B. 凹模

C. 凹模镶块　　D. 电火花加工用电极

2. 正弦分中夹具适合于磨削________。

A. 同一中心的凸圆弧　　B. 凹圆弧磨削

C. 不同中心的凸圆弧　　D. 斜面

3. 下列说法正确的有________。

A. 万能夹具只能磨削同一轴线的凸、凹圆弧面

B. 正弦分中夹具和成形砂轮配合可磨削凹圆弧面

C. 正弦分中夹具可磨削不同轴线的凸、凹圆弧面

D. 正弦磁力台和成形砂轮配合只能磨削平面

4. 成形磨削对模具结构的要求有________。

A. 凸模应设计成直通形式

B. 凸模应带有凸肩

C. 凸模形状复杂时，可设计成镶拼式

D. 凹模采用镶拼结构时，应尽可能按对称线分开

四、名词解释

1. 夹具成形磨削

2. 仿形磨削

五、问答题

1. 分别简述圆形凸模、异形凸模、圆形型孔和型腔、异形型孔和型腔的机械加工方法。

2. 简述在仿形刨床上加工凸模的方法和要注意的问题。

3. 拟定如图 2—4 所示凸模的加工工艺过程。

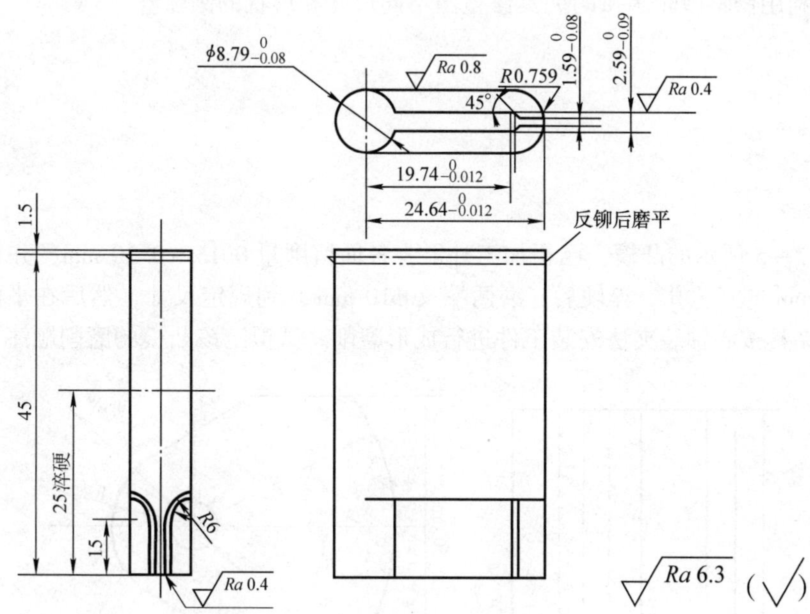

材料：CrWMn，热处理硬度：58～62HRC。

图 2—4　凸模

4. 成形磨削加工的方法有哪几种？其各自的特点是什么？

5. 如何利用修整砂轮圆弧的夹具修整出不同尺寸和形状的圆弧？

6. 如图 2—5 所示的凸模，已粗加工外形，各面留磨量 0. 15 ~ 0. 20 mm，并在圆弧的中心做出 ϕ10 mm 的工艺孔。淬硬后，磨两端及 ϕ10 mm 孔到规定尺寸，然后在平面磨床上利用正弦分中夹具按心轴装夹法安装工件进行成形磨削。试拟定该凸模的磨削顺序。

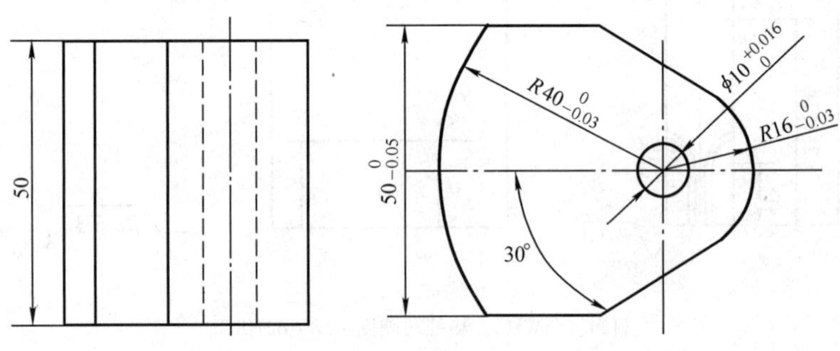

材料：CrWMn，热处理硬度：58 ~ 62HRC。

图 2—5　凸模

7. 万能夹具的十字滑板和分度转盘各起什么作用？

8. 成形磨削时工件工艺尺寸换算的内容有哪些？

第三节　型孔的加工

一、填空题

1. 在立式铣床和万能工具铣床上，用____________和_________的立铣刀，借助________和________，可对非回转曲面的型腔进行加工。

2. 在仿形铣削的加工方式中，常见的有按_________仿形加工和按________仿形加工。

3. 按立体模型仿形，切削运动的路线分为________和________两种。

4. 加工平面轮廓的型腔，可用________的立铣刀；加工立体曲面的型腔，可用___________和________的立铣刀。

二、判断题

1. 为了能加工出型腔的全部形状，铣刀端部的圆弧半径必须大于被加工表面凹入部分的最小半径。（　　）

2. 凹模型孔的精加工可在立式铣床上进行，但要使用简单的靠模装置。（　　）

3. 利用靠模装置加工时，铣刀的半径应小于型孔转角的圆角半径。（　　）

三、选择题（多项选择）

对于非圆形型孔的凹模加工，正确的加工方法有________。

A. 采用铸件作坯料

B. 在钢坯料上划线，并将型孔中心的余料除去

C. 钢坯料在各平面加工后划线，直接用锉削法加工

D. 在钢坯料的各平面加工后划线，将型孔中心余料除去，再用压印锉修法精加工

四、名词解释

按样板轮廓仿形

五、问答题

1. 拟定如图 2—6 所示弹压卸料板的机械加工工艺过程。

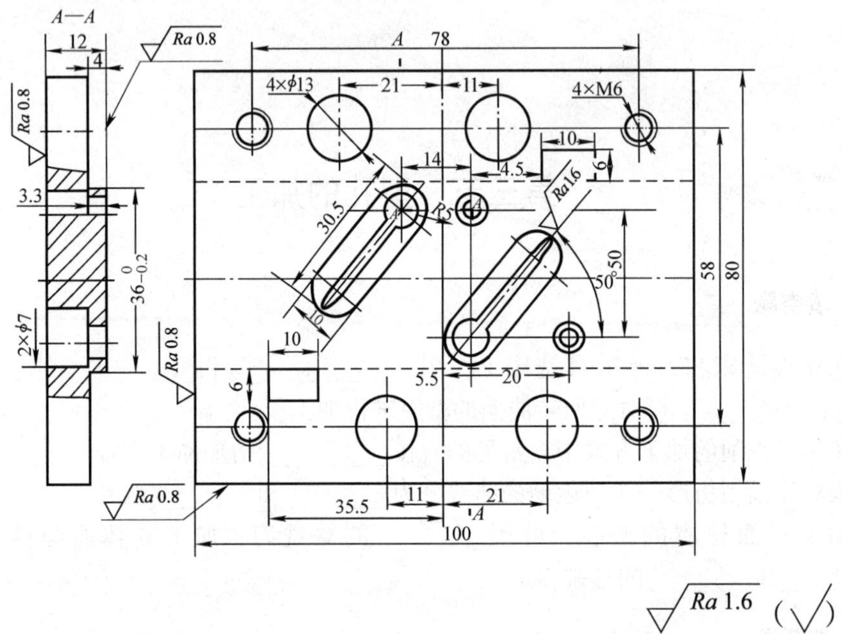

材料：Q275，型孔与凸模按 H7/h6 配合，型孔位置尺寸公差与凹模一致。

图 2—6 弹压卸料板

2．拟定如图 2—7 所示凹模的机械加工工艺过程。

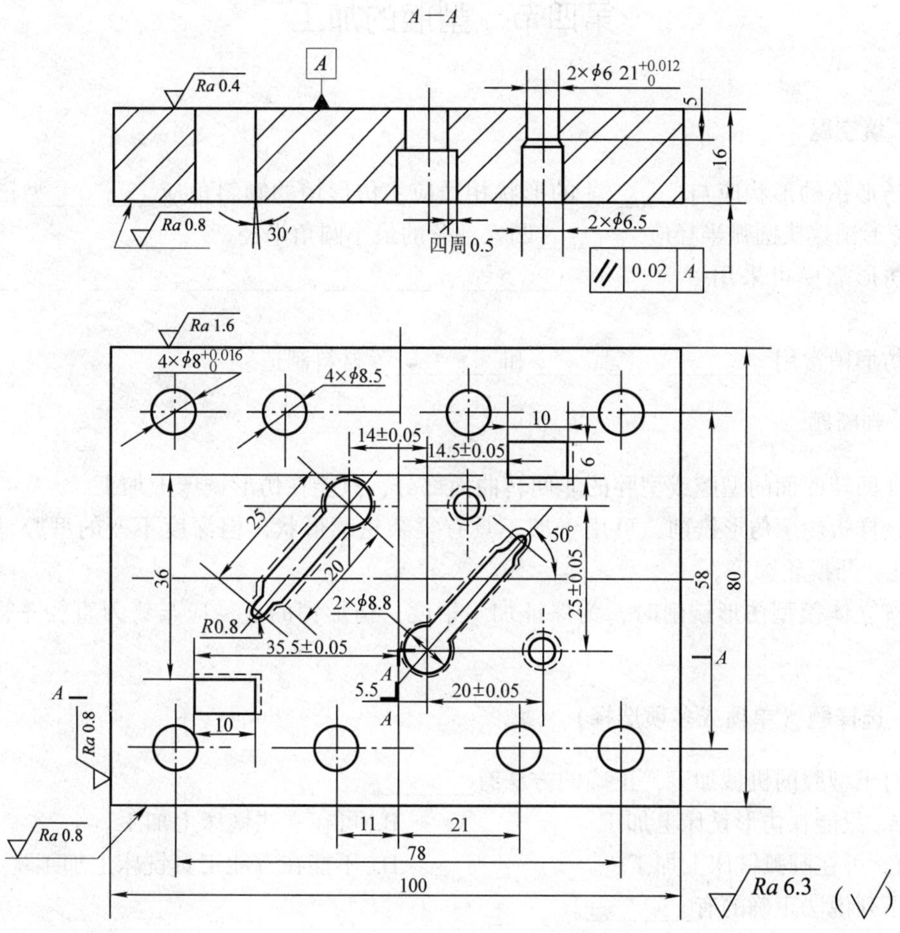

材料：CrWMn，热处理硬度：60～64HRC。侧刃孔以侧刃实际尺寸按单面间隙 0.015 mm 配制；型孔以凸模实际尺寸按双面间隙 0.03 mm 配制。型孔表面粗糙度 *Ra* 为 0.63～0.32 μm。

图 2—7　凹模

第四节　型腔的加工

一、填空题

1. 仿形销的形状应与________的形状相适应，仿形销的倾斜角应________型槽的最小斜角，仿形销端头圆弧半径应________凹入部分的最小圆角半径。

2. 仿形靠模可采用________、________、________、________、________或________等材料。

3. 仿形销常用________、________和________等材料制造。

二、判断题

1. 非回转曲面的型腔或型腔的非回转曲面部分，只能在仿形铣床上加工。（　）

2. 按样板轮廓仿形铣削，可用于加工具有复杂轮廓形状，但深度不变的型腔、型槽或凹模型孔、凸模轮廓等。（　）

3. 按立体模型仿形铣削时，为保证加工精度，仿形销的直径应与铣刀直径一样。（　）

三、选择题（单项或多项选择）

1. 对于型腔的机械加工，正确的方法有________。

A. 只能在仿形铣床上加工　　B. 可在立式铣床上加工

C. 可在圆弧铣床上加工　　D. 不能在万能工具铣床上加工

2. 下列说法正确的有________。

A. 立式铣床上加工型腔的效率低，适宜加工形状不太复杂的型腔

B. 圆弧铣床只能作圆弧面的加工，不能铣削平面、沟槽

C. 形状较复杂的锻模型腔可在立式仿形铣床上加工

D. 在圆弧铣床上加工圆弧型腔的锻模需要制作靠模

3. 下列说法正确的有________。

A. 靠模销的形状应与靠模型腔的形状相适应

B. 靠模销的倾斜角应大于靠模型腔的最小斜角

C. 靠模销端头的圆弧半径应小于靠模型腔的最小圆角半径

D. 加工立体型腔时，采用锥形指状端铣刀或端部为球形的铣刀

4. 仿形铣床上加工模具型腔的特点有________。

A. 生产率低

B. 预先要做好靠模

C. 对工人技术水平要求低

D. 表面不十分光滑，刀痕、型槽凹角及狭窄沟槽等部位仍需钳工修整

四、名词解释

成形磨削的工艺中心

五、问答题

1. 型腔加工的特点是什么？常用的加工方法有哪些？

2. 用仿形铣床加工型腔时，仿形铣削的加工方式有哪几种？其各自的特点是什么？

第三章　模具零件的机械加工质量

第一节　模具零件的机械加工精度

一、填空题

1. 模具的质量主要包括组成零件的________质量及其相关零件的________质量。

2. 模具零件的机械加工质量主要包含两大方面：加工后的________及________。

3. 模具零件的加工精度主要包括________精度、________精度及各表面之间的相互________精度。

4. 机床、________、________和工件构成一个完整的系统，称为工艺系统。

5. 机床的几何误差包括________误差、________误差和________误差。

6. 车床的主轴径向回转误差，将使工件产生________误差。

7. 用以________和________的装置，称为夹具。

8. 试切法是一种通过试切________再试切，反复进行到被加工尺寸达到要求为止的加工方法。

9. 引起工艺系统热变形的热源有内部热源和____________热源。内部热源主要指________、摩擦热。

10. 在切削加工中，工件的热变形主要是________引起的。随着切削时间的增加，工件温度逐渐________，变形也就逐渐________。

二、判断题

1. 机床主轴传递主要的切削加工运动，故在很大程度上决定工件的加工质量。（　　）

2. 车床的导轨误差，可导致车削后的工件产生圆柱度误差。（　　）

3. 定尺寸刀具制造误差和磨损直接影响被加工工件的尺寸精度。（　　）

4. 实际操作中的测量误差、机床进给的位移误差以及切削用量的变化都不会影响零件的加工精度。（　　）

5. 在切削过程中，工艺系统的刚性并不会随切削力作用点的位置的变化而变化。（　　）

6. 在工件安装过程中，工件刚性较低或夹紧力着力点不当，都会引起工件相应变形，造成加工误差。（　　）

7. 适当地减少进给量和切削深度，可以减小切削力，进而减少受力变形。（　　）

8. 预加载荷消除配合面间的间隙可提高工艺系统的接触刚性。（　　）

9. 对精度要求高的模具零件应进行时效处理，以消除内应力。（　　）

10. 零件的精加工并不需要控制室温的变化，即不需要在恒温环境下进行。 （　　）

三、选择题（单项或多项选择）

1. 在实际操作中，________会影响零件的加工精度。

A. 测量误差　　B. 机床进给的位移误差

C. 切削用量的变化　　D. 工件材料

E. 刀具材料

2. 加工薄壁空心套时，不可采用________的夹紧方法。

A. 点接触夹紧　　B. 开口过渡环

C. 专用卡爪

3. 减少切削热，降低切削温度的方法有________。

A. 合理的切削用量　　B. 正确的刀具几何角度

C. 充足的切削液

四、名词解释

机械加工精度

五、问答题

1. 何谓工艺系统？

2. 工艺系统的热变形是如何影响加工精度的？

3. 什么是误差复映？

4. 简述提高模具零件加工精度的措施。

第二节　模具零件的表面质量

一、填空题

1. 模具零件的表面质量包含________、表面层的加工硬化、表面层的________状态及表面层的残余应力等方面的内容。

2. 零件在加工过程中，由于产生强烈的________变形，其表面的________、________都有所提高，这种现象称为“冷作硬化”。

3. 影响表面层硬化的程度取决于产生________变形的力和变形速度以及________。

4. 磨削烧伤是由磨削__________引起，使工件表面__________下降，并可伴随出现________，降低零件的力学性能。

5. 提高表面质量的其他方法有________加工、________加工、喷丸强化。

二、判断题

1. 模具零件配合表面粗糙度值太大，会改变其配合性质，降低配合精度。（　）

2. 模具零件表面粗糙度值越小越耐磨。（　）

3. 表面粗糙度值的减小可以提高模具零件的抗疲劳强度，延长模具的使用寿命。（　）

4. 一般来说，切削塑性材料比切削脆性材料容易达到较小的表面粗糙度值要求。（　）

5. 高速磨削和选择较小的磨削深度，能降低表面粗糙度值。（　）

三、选择题（单项或多项选择）

1. 为减小切削加工时的表面粗糙度值，可采用________措施。

A. 减小进给量　　B. 减小刀具前角角度
C. 选择较大刀尖圆弧半径　　D. 增大刀具主副偏角角度

2. 减小磨削加工时的表面粗糙度值，可采取________的措施。

A. 提高砂轮线速度　　B. 选择较小的磨削深度
C. 较小的砂轮粒度　　D. 中软砂轮

3. 采用________方法可减少冷作硬化。

A. 减少进给量和切削深度，提高切削速度
B. 适当增大刀具前角和后角，减小刃口圆弧半径
C. 磨削时减慢工件转速

4. 避免磨削烧伤主要可从________方面入手。

A. 减小磨削深度，增大工件回转速度
B. 减小进给量
C. 提高砂轮速度和选择较宽砂轮

D. 选择适宜的砂轮粒度、硬度、组织、结合剂

E. 使冷却液直接进入磨削区

四、名词解释

1. 模具零件的表面质量

2. 冷作硬化

3. 喷丸强化

五、问答题

1. 零件加工表面质量包含哪些内容?

2. 切削加工中零件表面冷作硬化的原因是什么?应如何控制?

3. 简述模具零件的表面粗糙度值对模具的影响。

4. 切削加工中可采取什么措施来减小表面粗糙度值?

第四章　模具零件的特种加工工艺

第一节　电火花成形加工

一、填空题

1. 在电火花加工中，为使脉冲放电能持续进行，必须靠__________和________来保证放电间隙。

2. 一次放电过程大致可分为________、__________、_________及________四个阶段。

3. 影响电火花加工的工艺因素主要有________、________、________、________、________、________和________等。

4. 电火花加工中正极蚀除速度大于负极时，工件应接________，工具电极应接________，形成________加工。

5. 电规准参数的不同组合可构成三种电规准，即________、________和________。

6. ________是影响电火花加工精度的一个主要因素，也是衡量电规准参数选择是否合理、电极材料的加工性能好坏的一个重要指标。

7. 在工件的________、电极的________处，二次放电的作用时间长，所受的腐蚀最严重，导致工件产生加工斜度。

8. 在电加工工艺中，可利用加工斜度进行加工。如加工凹模时，将凹模________面朝下，直接利用其加工斜度作为凹模________。

9. 电火花加工采用的电极材料有________、________和________（任写三种）。

10. 冲模的电火花穿孔加工常用的加工方法有________法、________法和________法三种。

11. 常用的电极结构有________、________和________等。

12. 冲模加工时电规准转换的程序是____。

13. 冲模电火花加工时，由粗规准到精规准加工的过程中，冲油压力应________，当电极穿透工件时，冲油压力反而要________。

14. 型腔电火花加工的主要方法有____________、__________和__________三种。

15. 当采用单电极平动法加工型腔时，应选用________损耗、________生产率的电规准对型腔进行粗加工，然后启动平动头带动电极做________运动，同时按照________的加工顺序逐级转换电规准。

16. 由于型腔加工的排气、排屑条件较差，在设计电极时应在电极上设置适当的

________孔和________孔。

17. 对于硬质合金工具的电火花加工，其电规准不宜采用________，而应采用________。

18. 粗规准主要用于________加工。对它的要求是生产率____________，工具电极损耗____________，被加工表面粗糙度________。

19. 精规准用来进行________加工，多采用________电流峰值、________频率和________脉冲宽度。

二、判断题

1. 电火花加工必须采用脉冲电源。 ( )

2. 脉冲放电要在液体介质中进行，如水、煤油等。 ( )

3. 脉冲放电后，应有一定的间隔时间，使极间介质充分消电离，以便恢复两极间液体介质的绝缘强度，准备下次脉冲击穿放电。 ( )

4. 经过一次脉冲放电后，电极的轮廓形状便被复制在工件上，从而达到加工的目的。 ( )

5. 电火花加工误差的大小与放电间隙的大小有极大的关系。 ( )

6. 当负极的蚀除量大于正极时，工件应接正极，工具电极应接负极，形成正极性加工。 ( )

7. 极性效应显著的加工，可以使工具电极损耗较小，加工生产率较高。 ( )

8. 电规准决定每次放电形成凹坑的大小。 ( )

9. 极性效应越显著，工具电极损耗就越大。 ( )

10. 脉冲宽度及脉冲能量越大，则放电间隙越小。 ( )

11. 加工精度与放电间隙的大小、稳定性和均匀性有关。放电间隙越小、越稳定、越均匀，加工精度越高。 ( )

12. 加工斜度的大小主要取决于二次放电及单个脉冲能量的大小。 ( )

13. 在设计、使用电火花加工电极时，可任意选择导电材料作为电极材料。 ( )

14. 凹模型孔加工中通常只要用一个电规准就可完成全部加工。 ( )

15. 用电火花粗加工冲模时，由于排屑较难，应选择较大的冲油压力。 ( )

16. 电极的制造，一般是先进行普通机械加工，然后进行成形磨削。 ( )

17. 采用成形磨削法加工电极时，电极材料绝大多数选用铸铁和钢，将铸铁电极与凸模连接在一起，而钢电极则与凸模黏合成一整体进行成形磨削。 ( )

18. 用多电极更换加工法加工型腔，其成形精度低，不适用于加工尖角、窄缝多的型腔。 ( )

19. 目前，在型腔加工中应用最多的电极材料是石墨和紫铜。 ( )

三、选择题

1. 脉冲放电用于零件加工必须满足________的条件。

A. 工具电极和工件表面之间放电间隙尽量小

B. 脉冲放电具有脉冲性、间歇性

C. 脉冲放电必须持续而强烈

D. 脉冲放电在一定绝缘性能的液体介质中进行

2. 电火花加工的特点有________。

A. 不受工件材料硬度的限制

B. 电极和工件之间有较大的机械作用力

C. 操作容易，便于自动加工

D. 加工部分不易形成残留变质层

3. 影响极性效应的主要因素有________。

A. 脉冲宽度　　B. 电极材料

C. 工件材料的硬度　　D. 放电间隙

4. 要提高电加工的工件表面质量，应考虑________。

A. 脉冲宽度增大　　B. 电流峰值减小

C. 单个脉冲能量减小　　D. 放电间隙增大

5. 提高电火花加工的生产率应采取的措施有________。

A. 减小单个脉冲能量　　B. 提高脉冲频率

C. 增加单个脉冲能量　　D. 合理选用电极材料

6. 单电极平动法的特点是________。

A. 只需一个加工电极

B. 一次装夹定位，可达 ±0.5 mm 的加工精度

C. 较易加工出高精度的型腔

D. 可加工具有棱角、尖角的型腔

7. 电火花加工冷冲模凹模的优点有________。

A. 可将原来镶拼结构的模具采用整体模具结构

B. 型孔小圆角改用小尖角

C. 刃口反向斜度大

8. 型腔电火花加工的特点有________。

A. 电极损耗小

B. 蚀除量小

C. 电火花机床应备有平动头、深度测量装置等

D. 电火花加工时，排屑较容易

四、名词解释

1. 电火花加工

2. 直接配合法

3. 分解电极法

五、问答题

1. 电火花加工有何优缺点？

2. 提高脉冲频率是提高生产率的有效方法，那么是否频率越高越好？为什么？

3. 比较紫铜电极、钢电极、铸铁电极在实际应用中的特点。

4. 型腔的电火花加工用的电极为什么要设排气孔和冲油孔？又应如何设置？

5. 脉冲宽度对电火花加工的正负极选择有何影响？其影响机理是什么？

6. 写出电火花加工型腔之前，凹模毛坯的准备工序。

7. 常用型腔电火花加工的工艺方法有哪些？各有何特点？

8. 简述二次电极法加工型孔的工作过程及其用途。

9. 使用阶梯电极有何特殊作用？

10. 型腔电火花加工时，如何进行电规准的转换与平动量的分配？

11. 电火花穿孔加工时，电规准的选择应注意哪些问题？

六、计算题

1. 如图 4—1 所示，在凹模上已标注公差，已知电火花机床精加工时的双面放电间隙 $2\delta=0.06$ mm，凹、凸模要求的双面配合间隙为 z，试确定电极截面尺寸，并填入表 4—1 中。

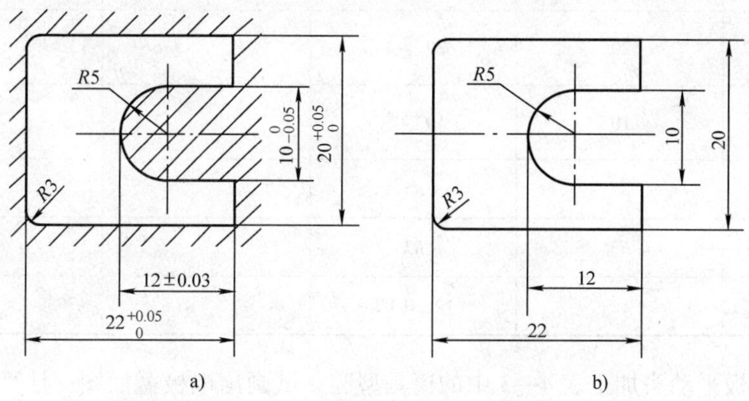

图 4—1
a）凹模　b）凸模

表 4—1　　电极截面尺寸　　mm

序号	凹模图样尺寸	凸模图样尺寸	凸模尺寸	电极截面尺寸
1	$22^{+0.05}_{0}$	22	$22-z$	
2	$20^{+0.05}_{0}$	20		
3	$10^{0}_{-0.05}$	10		
4	$R5$	$R5$		
5	$R3$	$R3$		
6	12 ± 0.03	12		

2. 如图 4—2 所示，在凸模上已标注公差，已知电火花机床精加工时的双面放电间隙 $2\delta=0.06$ mm，凹、凸模要求的双面配合间隙 z 为 0.04 mm，试确定电极截面尺寸，并填入表 4—2 中。

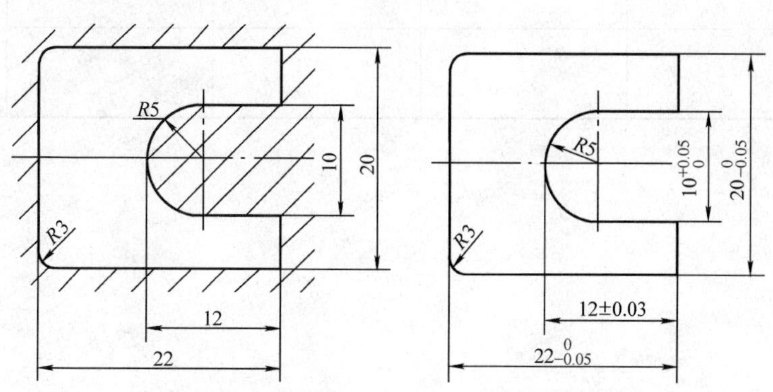

图 4—2
a）凹模　b）凸模

表 4—2　　电极截面尺寸　　mm

序号	凹模图样尺寸	凸模图样尺寸	电极截面尺寸	加工后凹模型孔尺寸
1	22	$22_{-0.05}^{0}$		
2	20	$20_{-0.05}^{0}$		
3	10	$10_{0}^{+0.05}$		
4	*R*5	*R*5		
5	*R*3	*R*3		
6	12	12 ±0.03		

3. 用单电极平动头加工表 4—3 中的模具型腔。试画出电极截面图，计算电极尺寸并填入表 4—3 中。

表 4—3　　模具型腔及电极图表

模具型腔图	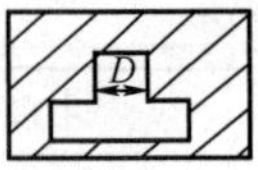 D	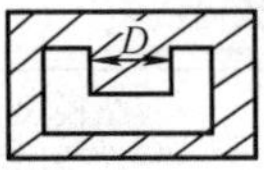 D	 R	 R	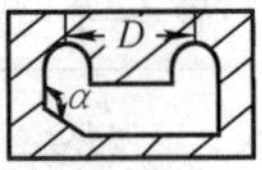 D α
电极截面图	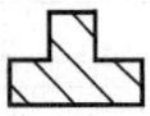				
电极截面尺寸					
模具型腔图	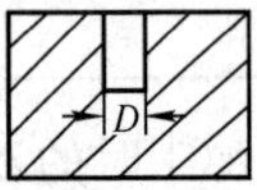 D	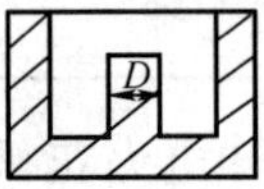 D	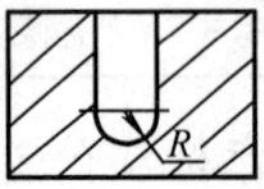 R	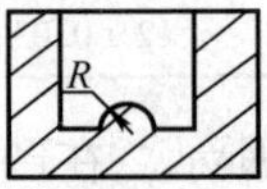 R	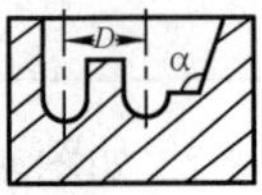 D α
电极截面图					
电极截面尺寸					

4. 计算如图 4—3 所示的凹模型孔的电极截面尺寸。

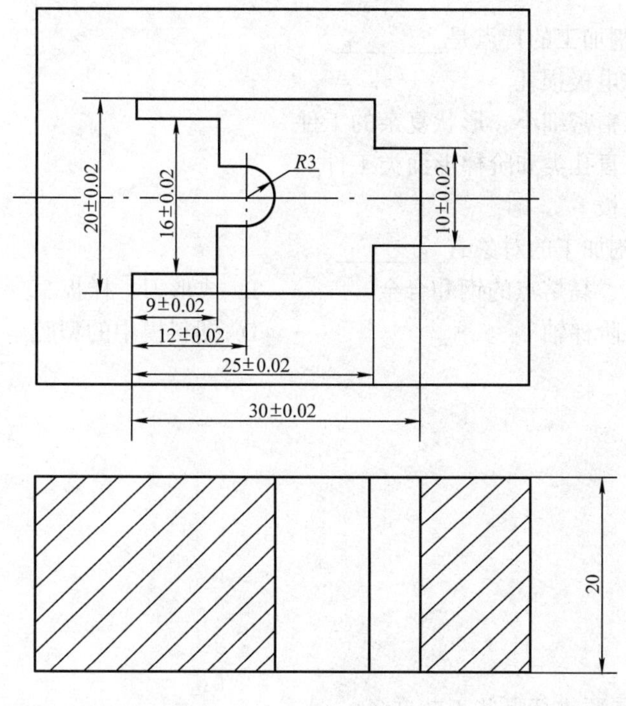

图 4—3　凹模型孔

第二节　电火花线切割加工

一、填空题

1. 线切割加工中常用的电极丝有________、________和________。其中________应用最广泛。

2. 穿丝孔的孔径一般应取________，通常采用________加工，穿丝孔的位置宜选在加工图样的________附近。

3. 电火花线切割加工时，工件的装夹方式常用________装夹、________装夹、________装夹和________装夹等。

二、判断题

目前，线切割加工时应用较普遍的工作液是煤油。（　）

三、选择题（单项或多项选择）

1. 电火花线切割加工的特点是________。
   A. 不必考虑电极损耗
   B. 不能加工精密细小、形状复杂的工件
   C. 不能加工盲孔类和阶梯形面类工件
   D. 不需要电极
2. 电火花线切割加工的对象有________。
   A. 任何硬度、高熔点的钢和合金　　B. 成形刀、样板
   C. 阶梯孔、阶梯轴　　D. 塑料模中的型腔

四、名词解释

线切割

五、问答题

1. 线切割加工前要进行哪些工艺准备？

2. 工件预加工采用机械加工和直接用线切割进行粗加工有何不同？

第三节　电化学加工

一、选择题（单项或多项选择）

电解磨削的原理是________。
A. 用电极磨轮代替磨料砂轮
B. 电极磨轮和工件与机床有关部件之间应导电
C. 采用负极性加工
D. 在电极磨轮与工件之间喷射工作液

二、名词解释

1. 电解加工

2. 超声波加工

3. 电铸加工

4. 化学腐蚀加工

三、问答题

简述电解加工的特点和应用。

第五章　模具制造的其他方法

第一节　冷挤压加工技术及设备

一、填空题

1. 模具工作零件的加工方法除切削加工、特种加工、铸造外，还可以采用________和________。

2. 型腔冷挤压加工是利用材料的________进行成形的。

3. 型腔的冷挤压加工可以分为________和________两种方式。

4. 所选择冷挤压冲头材料，必须具有淬硬性好、________变形小和________性能良好等特性。

5. 在进行型腔冷挤压成形时，冷挤压冲头必须具有足够的________、________和________。

6. 冷挤压冲头的成形工作部分的形状和尺寸应和型腔________，精度要比型腔要求的精度________。

7. 冷挤压的导向部分是用来和导向套配合，保证挤压冲头的________性和正确的挤入坯料。

8. 冷挤压所需的坯料，在冷挤压前，必须先进行________热处理，以提高坯料的加工性能。

9. 敞开式冷挤压成形型腔时，坯料的塑性流动不但沿挤压冲头的________方向，同时还沿________方向流动。

10. 封闭式冷挤压时，坯料只能沿着与挤压冲头压入的________方向产生塑性流动。

11. 封闭式冷挤压适用于精度要求________，挤压深度________的型腔加工。

12. 冷挤压冲头的成形部分的长度一般取型腔深度的________倍。

13. 冷挤压冲头的过渡部分是为了防止________而造成挤压冲头的断裂。

14. 为防止冷挤压过程中坯料产生翘曲、变形和开裂，坯料的端面积与型腔在端面上投影面积之比应________，坯料的厚度要________型腔深度等。

15. 冷挤压成形型腔时，通常在坯料底部加工出一个减压穴，其目的是________。

16. 为了挤压出清晰的图案和文字，坯料的形状可改变成顶端为________。

17. 型腔采用封闭式冷挤压时，型腔毛坯放在________内进行挤压。

18. 冷挤压双模套的内、外套采用________配合，给内套形成一定的内应力。

19. 冷挤压采取润滑的目的是防止冲头与坯料________，减少挤压力，延长冲头寿命。

20. 为了保证型腔制造精度，在挤压型腔时，压力机必须________，冲头与坯料平面必须________。

21. 如果挤压型腔的变形程度过大，不能一次挤压成形时，则中途必须对坯料进行________。

22. 为保护冲头，使用后可将冲头进行________，以消除内应力，便于重复使用。

23. 型腔冷挤压所需的力与__________、__________和__________等诸多因素有关。

24. 制造工艺凸模的常用材料有________、________和________（任写三种）。

25. 工艺凸模由__________、__________和__________组成。

26. 模套有________、________、________和________等几种。

27. 适宜采用冷挤压加工的型腔材料有________、________和________（任写三种）。

二、判断题

1. 冷挤压加工时，必须对毛坯进行加热。（ ）

2. 塑性差的材料一般不宜采用冷挤压方法来制造型腔。（ ）

3. 敞开式冷挤压制造模具型腔时，被挤压坯料的塑性流动只沿着挤压冲头轴线方向流动。（ ）

4. 冷挤压冲头的实际挤入长度与型腔所要求的深度要一致。（ ）

5. 为了防止冷挤压过程中坯料产生翘曲、变形和开裂，应使坯料的端面积与型腔在端面上投影面积的比值足够大。（ ）

6. 在型腔底部需要挤出图案和文字时，可在坯料的底部开设减压穴来减小挤压力。（ ）

7. 在进行封闭式冷挤压时，所采用的模套起的作用是限制毛坯料的轴向流动。（ ）

8. 敞开式冷挤压适用于型腔深度较浅、坯料厚度较大的型腔加工。（ ）

9. 封闭式冷挤压时，坯料的塑性只沿冷挤压冲头的半径方向流动。（ ）

10. 封闭式冷挤压适用于精度要求高、挤压深度大的型腔加工。（ ）

11. 坯料经冷挤压成形后具有热处理淬火硬度高、耐磨性高、塑性好及变形小的性能。（ ）

12. 坯料在切削加工后冷挤压前，必须进行淬火处理。（ ）

13. 对敞开式冷挤压坯料的形状、尺寸没有具体限制。（ ）

14. 通常在冷挤压坯料底部加工出一个减压穴来减小挤压过程中的挤压力。（ ）

15. 冷挤压模套可以限制毛坯料冷挤压时的径向流动。（ ）

16. 冷挤压双模套的内、外套采用间隙配合。（ ）

17. 冷挤压对拼内套式模套在挤压过程中会产生径向扩大。（ ）

18. 使用过后的冲头可进行退火以消除其内应力。（ ）

19. 坯料越硬或弹性变形越小，冷挤压型腔精度就越低。（ ）

20. 冷挤压挤入深度越大，冲头圆角越大，则型腔精度越高。（ ）

21. 工艺凸模在工作时要承受极大的挤压力，其工作表面和流动金属之间会产生极大的摩擦力。（ ）

22. 工艺凸模不必要求强度、硬度和耐磨性。（ ）

23. 工艺凸模工作部分的尺寸精度比型腔所需精度要高一级。（ ）

24. 封闭式冷挤压坯料的外形轮廓，一般为圆柱体或圆锥体。 (   )
25. 为了便于进行冷挤压加工，模坯材料应具有高硬度和低塑性。 (   )

三、选择题（单项或多项选择）

1. 冷挤压是在________条件下进行的。
   A. 室温　　B. 高温
   C. 低温　　D. 模具材料的熔融态
2. 以下不属于冷挤压加工范围的是________。
   A. 多型腔模具加工　　B. 不通孔的型腔、齿轮型腔
   C. 较狭的凹槽、凸筋　　D. 有色金属、低碳钢模具型腔
3. 冷挤压冲头是型腔冷挤压加工的关键部件，因此冷挤压冲头必须具有________。
   A. 足够的强度　　B. 足够的硬度
   C. 耐磨性好　　D. 足够的刚度
4. 冷挤压冲头过渡部分的作用是________。
   A. 提高冲头刚度　　B. 提高冲头强度
   C. 防止应力集中　　D. 以上说法都不对
5. 在冷挤压型腔加工时，坯料在切削加工后冷挤压前，必须进行退火处理，其目的是________。
   A. 提高材料塑性变形能力　　B. 降低材料强度
   C. 减小冷挤压时的变形抗力　　D. 提高塑料的刚性
6. 型腔毛坯放在双模套内进行冷挤压时，双模套的配合形式为________。
   A. 过渡配合　　B. 过盈配合
   C. 间隙配合　　D. 以上任何一种都可以
7. 为保护冷挤压冲头，使用后可将冲头进行低温回火，其目的是________。
   A. 提高冲头的硬度　　B. 提高冲头的强度
   C. 清除内应力　　D. 提高冲头的耐磨性
8. 型腔冷挤压时，型腔侧壁被拉毛，其原因是________。
   A. 挤压冲头太粗糙　　B. 坯料表面未研光
   C. 润滑条件不好　　D. 型腔挤压力过小
9. 为防止冷挤压型腔侧壁裂纹的形成，其措施有________。
   A. 改进减压穴设置　　B. 改进润滑条件
   C. 挤压冲头研光　　D. 坯料退火
10. 以下设备不能提供冷挤压压力的是________。
    A. 机械压力机　　B. 液压机
    C. 注塑机　　D. 摩擦压力机
11. 以下材料不适用于冷挤压型腔材料的是________。
    A. 有色金属　　B. 高碳钢
    C. 低碳钢　　D. 具有一定塑性的工具钢
12. 冷挤压冲头材料必须具备的特性有________。

A. 淬硬性好　　B. 热处理变形小

C. 切削性能好　　D. 材质档次高

13. 冷挤压冲头导向部分的作用是________。

A. 与导向套配合　　B. 保证挤压冲头的垂直性

C. 保证冲头正面挤入坯料　　D. 防止挤压时冲头偏斜

14. 冷挤压加工常用的型腔材料有________。

A. 合金钢　　B. 铝及铝合金

C. 铜及铜合金　　D. 低碳钢

15. 以下不能用来确定坯料尺寸及形状的因素是________。

A. 型腔设计尺寸　　B. 型腔形状

C. 冷挤压工艺的要求　　D. 冷挤压冲头的尺寸及形状

16. 为了挤压出清晰的图案和文字，可采取的措施有________。

A. 坯料顶端为球面　　B. 坯料底部开减压穴

C. 坯料底面加垫块　　D. 坯料要软

17. 冷挤压模套的作用是________。

A. 限制毛坯的径向流动　　B. 防止坯料破裂

C. 提高模坯的塑性变形能力　　D. 以上说法都对

18. 冷挤压对拼内套式模套的特点有________。

A. 坯料从模内取出困难　　B. 坯料从模内取出容易

C. 产生径向扩大　　D. 产生轴向扩大

19. 型腔冷挤压的挤压力的确定因素有________。

A. 挤压方式　　B. 型腔复杂程度

C. 坯料材质　　D. 润滑液的种类

20. 冷挤压润滑剂所起的作用是________。

A. 防止冲头与坯料咬合　　B. 减少挤压力

C. 延长冲头寿命　　D. 以上说法都对

21. 产生冷挤压型腔底部凸起量不足的原因有________。

A. 坯料形状不合适　　B. 挤压时空气没排出去

C. 润滑油太多　　D. 冲头强度不够

22. 产生冷挤压型腔膨胀的因素有________。

A. 坯料的碳化物偏析不均匀　　B. 冲头回火不足

C. 套圈变形　　D. 挤压力过大

23. 封闭式冷挤压适合加工________。

A. 精度要求低的型腔　　B. 深度较大的型腔

C. 坯料体积较大的型腔　　D. 精度要求较高的型腔

24. 敞开式冷挤压的特点是________。

A. 挤压时在型腔毛坯外面不加模套

B. 工艺准备较封闭式冷挤压复杂

C. 被挤压金属的塑性只沿工艺凸模的轴线方向流动，不沿半径方向流动

D. 适合加工要求高的深型腔

四、名词解释

1. 封闭式冷挤压

2. 冷挤压加工

五、问答题

1. 试述冷挤压加工的工作原理。

2. 冷挤压加工型腔与切削加工相比具有哪些特点？

3. 冷挤压冲头由哪些结构组成？各组成部分的作用是什么？

4. 采取什么措施可以减小冷挤压过程式中的挤压力？

5. 影响冷挤压型腔精度的因素有哪些？

6. 在冷挤压过程中，为了防止冲头与坯料咬合，所采取的润滑措施有哪些？

第二节 超塑性成形技术

一、填空题

1. 凡是伸长率能超过________的材料，均可称为超塑性材料。

2. PMS 钢的原始组织为________和________及马氏体条间分布的铁素体混合组织。

3. PMS 钢的超塑变形的同时也实现了该钢的________过程。

4. PMS 钢的超塑性是通过________方法获得的。

5. 超塑性合金 Zn－22Al 是以________为基体的合金材料。

6. 为了获得 PMS 钢超塑性所必需的微细晶粒组织，对坯料需要进行________次循环淬火处理。

7. PMS 钢成形时工艺凸模尺寸的确定主要与________及________________有关。

8. PMS 钢在超塑性状态下，其________低、________高。

9. 超塑性成形的润滑剂必须耐________。

10. 用于模具制造的超塑性金属主要是________。

二、判断题

1. 原始供应的 PMS 钢不具有超塑特性。 ( )

2. PMS 钢超塑成形时，坯料要装入护套内进行挤压，使得变形金属的塑性流动方向与工艺凸模压入方向相反，从而提高型腔的成形精度。 ( )

3. PMS 钢超塑挤压成形，型腔的挤压力随变形量的增加而增加。 ( )

4. 超塑性合金 Zn－22Al 成形型腔的工艺凸模压入毛坯的成形压力远小于 PMS 钢成形型腔的成形压力。 ( )

5. PMS 钢适用于要求高精度、低表面粗糙度的各种热塑性塑料模具成形。 ( )

6. PMS 钢的原始组织为贝氏体和马氏体及马氏体条间分布的铁素体混合组织，具有很高的淬透性。 ( )

7. PMS 钢经组织细化处理后，相应的变形抗力随温度的升高而增大。 ( )

8. PMS 钢出厂时未经超塑性处理，在成形前应进行超塑性晶粒细化处理。 ( )

9. PMS 钢超塑性成形型腔所采用的护套的高度应略低于坯料的高度。 ( )

10. 超塑锌铝合金是具有超塑性的铝基合金。 ( )

11. 经等温锻造的 Zn－22Al 合金，不具有超塑性，必须进行超塑性处理。 ( )

12. 用超塑性成形制造型腔，材料不会因大的塑性变化而断裂，也不会硬化，对获得形状复杂的型腔十分有利。 ( )

13. 一般 Zn－22Al 在出厂时均已经过超塑性处理，因此只需要选择适当类型的原材料，

切削加工成形型腔坯料后即可进行挤压。 ( )

14. 超塑性成形加工型腔时，其工艺凸模要进行热处理。 ( )

三、选择题（单项或多项选择）

1. PMS 钢超塑成形型腔时，对工艺凸模的要求有________。

A. 足够的强度　　B. 较高的硬度

C. 耐磨性好　　D. 以上都对

2. 对 PMS 钢坯料要进行________次循环淬火热处理。

A. 2　　B. 3

C. 4　　D. 5

3. 超塑锌铝合金成形特点有________。

A. 塑性好　　B. 耐热性好

C. 承载能力高　　D. 刚性好

四、名词解释

超塑性

五、问答题

简述超塑性成形原理。

第三节　合成树脂模具制造

一、填空题

1. 用合成树脂制造模具型腔常用的方法是________。
2. 合成树脂是________聚合物，它与金属相比，其________和________较差。
3. 环氧树脂在常温下有较高的________和良好的耐腐蚀性。
4. 用环氧树脂制造型腔时，加入少量的增塑剂，可以提高树脂型腔的________。
5. 铝合金模具制造方法有________、________和________。
6. 制作模具的树脂有________、________和________。

二、判断题

1. 环氧树脂制造的模具具有良好的耐酸、耐碱、耐盐和有机溶剂等侵蚀的能力。（ ）
2. 用木材、石膏制作的树脂模具在浇注前应充分干燥。（ ）
3. 聚酯树脂、酚醛树脂、环氧树脂均为热固性塑料，使用时不需加入固化剂。（ ）

三、选择题（单项或多项选择）

1. 合成树脂模具与金属材料模具相比，具有________特点。
   A. 强度高　　B. 耐用度好
   C. 密度小、质量轻　　D. 刚度好
2. 用酚醛树脂制造的模具零件具有________的特点。
   A. 刚性好　　B. 变形小
   C. 耐热耐磨　　D. 冲击强度高
3. 以下不是聚酯树脂特性的是________。
   A. 力学强度高　　B. 化学性能稳定
   C. 收缩率小　　D. 成形容易
4. 在环氧树脂配料中加入少量的增塑剂的目的是________。
   A. 提高型腔的冲击韧性　　B. 降低配料中树脂的浓度
   C. 起润滑作用　　D. 以上说法都对
5. 合成树脂制造的模具和金属模具相比，其特点是________。
   A. 强度和耐用度较差　　B. 制模时间长
   C. 制造和修模难　　D. 成形难

四、名词解释

聚酯树脂

五、问答题

在选择制造聚酯树脂型腔的木模型时，应对木模型进行哪些处理后才能成形？

第六章 模具装配工艺

第一节 模具装配方法

一、填空题

1. 模具装配是把模具零件按一定要求进行________、________和________起来成为符合要求的完整模具。

2. 模具生产属于________生产，适合于采用________装配。

3. 模具在装配过程中既要保证相配零件的________，又要保证零件之间的________及________要求。

4. 产品的装配方法是根据________和________等因素来确定的。常用的装配方法有________、________、________和________。

5. 完全互换法是装配时各零件不经________、________和________即可达到装配精度要求。

6. 装配零件要达到完全互换，装配精度和零件的制造公差之间应满足________。

7. 完全互换装配法特别适合于大批量生产中________的零件组的装配。

8. 分组装配法是将产品各配合零件按________分组，装配时按组进行互换装配以达到装配精度的方法。

9. 分组装配法各组零件的________和________与原设计的装配精度要求相同。以保证分组后各组的配合精度和配合性质都能达到原来的设计要求。

10. 修配装配法是将零件的________放大，使零件的加工变得容易，然后在装配时修去指定零件上的________以达到装配精度的方法。

11. 修配装配法有________和________两种。

12. 模具装配中采用的________法就是典型的按件修配法。

13. 调整装配法是将零件的制造公差放大，然后在装配时改变模具中可调整零件的________或选用合适的________以达到装配精度的方法。

14. 调整装配法有________和________两种。

15. 在进行模具装配之前，要仔细研究设计图样，按照模具的结构技术要求，确定合理的________及________，选择合理的________方法及________。

16. 模具是单件小批量生产，装配时常采用________装配法和________装配法来保证装配精度。

二、判断题

1. 模具生产属于单件小批量生产，适合于采用移动式装配。 (　　)

2. 只要所有零件的精度合格，模具装配后就一定合格。 ( )

3. 运用模具装配尺寸链可分析有关组成零件的精度对模具装配精度的影响。 ( )

4. 实际生产中也可以用精度较低的零件来达到较高的装配精度。 ( )

5. 完全互换装配法对装配工人的技术水平要求不高。 ( )

6. 装配精度要求较高及装配尺寸链的组成环较多时，不适合采用完全互换法。 ( )

7. 采用分组装配法可将零件的制造公差扩大数倍，按经济精度进行加工，装配精度却很高。 ( )

8. 分组装配法每组零件的尺寸公差和配合公差与原设计的装配精度要求相同。 ( )

9. 分组装配法分组数尽量多，因为组数越多精度越高。 ( )

10. 分组装配法适用于组成环很多的装配尺寸链。 ( )

11. 采用修配装配法可将零件的制造公差放大，使零件的加工变得容易。 ( )

12. 修配装配法在模具生产中被广泛采用。 ( )

13. 模具装配中采用的压印锉修法属于按件修配法。 ( )

14. 在按件修配法中，选定的修配件应是相关尺寸链的公共环。 ( )

15. 在模具装配中，导柱孔、导套孔、销孔等的装配常用合并加工修配法。 ( )

16. 调整装配法是用改变模具产品中可调整零件的相对位置，或选用合适的调整件以达到装配精度的方法。 ( )

17. 用可动调整法达到装配精度时，在调整过程中不需拆卸零件。此法比较方便，在模具制造中应用较广。 ( )

18. 模具制造属于单件小批量生产，在装配工艺上多采用修配装配法和调整装配法来保证装配精度。 ( )

三、选择题

1. 模具生产属于________生产，适合于采用________装配。

A. 大量　　B. 成批　　C. 单件小批

D. 分散式　　E. 集中式　　F. 流水式

2. 模具装配的技术条件是________的依据。

A. 装配　　B. 验收　　C. 试模

3. 在模具装配过程中必须采取相应的________才能保证模具的装配精度。

A. 零件　　B. 夹具　　C. 工艺措施

4. 分析模具有关组成零件的精度对装配精度的影响，就要运用________尺寸链。

A. 零件　　B. 工艺　　C. 装配

5. 完全互换装配法特别适用于大批量生产中________的零件组的装配。

A. 组成环数多　　B. 组成环数少　　C. 零件数量多

6. 分组装配法是将产品各配合副的零件按________分组，装配时按组进行互换装配以达到装配精度的方法。

A. 基本尺寸　　B. 实测尺寸　　C. 极限尺寸

7. 分组装配法中零件的制造按________进行加工。

A. 经济精度　　B. 自由精度　　C. 原有精度

8. 分组装配法中各组零件的尺寸公差和配合间隙与________的装配精度要求相同。

A. 分组后　　B. 经济精度　　C. 原设计

9. 分组装配法中扩大配合尺寸的公差时要向________方向扩大。

A. 正　　B. 同　　C. 负

10. 修配装配法是将零件的________放大，然后在装配时修去指定零件上的预留修配量以达到装配精度的方法。

A. 配合公差　　B. 制造公差　　C. 修配量

11. 合并加工修配法是把两个或两个以上的________装配在一起后，再进行机械加工，以达到装配精度的方法。

A. 部件　　B. 组件　　C. 零件

12. 调整装配法是将零件的制造公差放大，使零件的加工变得容易，然后在装配时用改变模具产品中________的相对位置或选用合适的调整件以达到装配精度的方法。

A. 可调整零件　　B. 可装配零件　　C. 可拆卸零件

13. 可动调整法是在装配时用改变调整件的________达到装配精度的方法。

A. 尺寸　　B. 位置　　C. 偏差

14. 固定调整法是在装配前按一定的尺寸间隔做好调整件，装配时根据预装时的测量结果选择一个适当尺寸的调整件进行装配，以得到所要求的________。

A. 间隙　　B. 过盈　　C. 配合精度

15. 修配装配法和调整装配法共同之处是能用精度________的组成零件，达到较高的装配精度。

A. 较高　　B. 适中　　C. 较低

四、名词解释

1. 模具装配

2. 完全互换法

3. 分组装配法

4. 修配装配法

5. 按件修配法

6. 合并加工修配法

7. 调整装配法

8. 可动调整法

9. 固定调整法

五、问答题

1. 为什么说在装配过程中必须采取相应的工艺措施才能保证模具的装配精度？

2. 在模具的装配中，为什么要运用装配尺寸链？

3. 采用完全互换法有哪些优缺点？

4. 采用分组装配法时应注意哪些问题？

第二节　冲裁模的装配

一、填空题

1. 模柄（活动模柄除外）装入上模座后，其轴心线对上模座的上平面的垂直度误差在全长范围内不大于________ mm。

2. 导套、导柱与模座的配合常用________和________。压入时要注意校正导柱对________底面的垂直度。

3. 凹模与固定板的配合常采用________；凸模与固定板的配合常采用________。

4. 模具中导柱、导套与模座、凸模与固定板等零件的连接除采用机械固定方式外，还可以采用________、________和________等技术将这些零件相互固定起来。

5. 低熔点合金是用________等金属元素配制的一种合金，低熔点合金冷凝时会产生____________，将凸模固定在凸模固定板上。

6. 用低熔点合金固定凸模时，凸模固定板精度要求________。

7. 低熔点合金浇注前应预热凸模及固定板的浇注部位，预热温度以________℃为宜。浇注后一般要放置________，才能保证充分冷凝。

8. 低熔点合金熔化时温度不能过高，约在________℃为宜，以防合金氧化变质、晶粒粗大而影响质量。

9. 环氧树脂黏结剂的主要成分是环氧树脂，并在其中加入了适量的________、________、________及各种填料以改善树脂的工艺性能和力学性能。

10. 磷苯二甲酸二丁酯的作用是使环氧树脂的______增加，______降低，同时使环氧树脂的________和________提高，它作为增塑剂加入黏结剂中。

11. 乙二胺的作用是使环氧树脂________、________，它作为硬化剂加入黏结剂中。乙二胺用量过多会使树脂________，过少则不易________。

12. 环氧树脂黏结剂中常用的稀释剂有________、________、________及________等。

13. 环氧树脂黏结剂中________毒性较大，因此要在________的情况下进行操作，以防止有毒气体损害健康。

14. 无机黏结剂是________溶液与________粉末混合物。

15. 无机黏结剂中氧化铜与磷酸溶液加入量之比 $R=$________。比值 R 越大，________越高，________也越快。

16. 计算比值 R 时氧化铜以________为单位，磷酸溶液以________为单位。

17. 调整冲裁模的凸、凹模间隙除透光法外，还有______、________、________和________等几种。

18. 测量法是将凸模插入凹模型孔内，用________检查凸、凹模不同部位的配合间隙，根据检查结果调整凸、凹模之间的________，使两者在各部分的间隙均匀一致。

19. 测量法只适用于凸、凹模配合间隙（单边）在________mm 以上的模具。

20. 垫片法是根据凸、凹模配合间隙的大小在凸、凹模的配合间隙内垫入厚度均匀的________或________，以保证凸、凹模配合间隙均匀。

21. 连续冲裁模在一次行程中多个凸模同时工作，保证各凸模与其对应型孔都有均匀的________，是装配的关键所在。

22. 加工凹模、卸料板和凸模固定板时须严格保证各孔的________，否则将给装配造成困难，甚至无法装配。

23. 为了保证冲裁件的加工质量，在装配连续模时要特别注意保证________和________的尺寸要求。

二、判断题

1. 冲裁模在装配时如果不能保证冲裁间隙均匀，会影响制件的质量和模具的使用寿命。（ ）
2. 确定合理的装配顺序及装配方法是进行模具装配之前的一项重要工作。（ ）
3. 凸模和凹模的配合间隙应符合设计要求，沿整个刃口轮廓应均匀一致。（ ）
4. 导柱、导套装配后，当模座沿导柱上下移动时，应平稳而无阻滞现象。（ ）
5. 卸料及顶件装置活动应灵活、正确，出料孔畅通无阻，保证制件及废料不卡在冲模内。（ ）
6. 模柄垂直度经检查合格后加工骑缝螺孔，再拧入骑缝螺钉。（ ）
7. 导套配合部分内外圆柱面的同轴度最大偏差 Δmax 应处在导柱中心连线的方向。（ ）
8. 导柱的垂直度误差采用比较测量法进行检验。（ ）
9. 导柱对模座底面的垂直度具有方向性，因此应在相互垂直的两个方向上进行测量。（ ）
10. 低熔点合金是利用合金冷凝时的体积收缩，将零件固定在模板上。（ ）
11. 用低熔点合金固定法对模具零件固定部分的精度要求不高。（ ）
12. 浇注低熔点合金前应预热凸模及固定板的浇注部位，预热温度以300℃左右为宜。（ ）
13. 低熔点合金熔化时温度不能过低，以防合金氧化变质、晶粒粗大影响质量。（ ）
14. 磷苯二甲酸二丁酯是作为硬化剂加入黏结剂中的。（ ）
15. 乙二胺是作为增塑剂加入黏结剂中的。（ ）

16. 氧化铝和铁粉在黏结剂中可以改善环氧树脂黏结剂的机械强度、热膨胀系数、收缩率等物理和力学性能。（ ）

17. 配制环氧树脂黏结剂时，固化剂只能在黏结前加入。（ ）

18. 无机黏结剂是采用磷酸溶液与氧化铜粉末的混合物。（ ）

19. 在黏结剂中，氧化铜与磷酸溶液用量比值 R 越大，黏结强度越高，凝固速度也越快。（ ）

20. 无机黏结操作简便，黏结部位能耐高温，但承受冲击的能力差，不耐酸、碱、腐蚀。（ ）

21. 模具工作时安装在活动部分和固定部分上的模具工作零件必须保持正确的相对位置，才能使模具获得正常工作状态。（ ）

22. 上、下模的装配顺序应根据模具的结构来决定。（ ）

23. 如果上模部分的模具零件在装配和调整时所受的限制最大，应先装下模部分，并以它为基准调整上模的模具零件，保证凸、凹模配合间隙均匀。（ ）

24. 以纸作冲压材料进行试冲时，如果冲出的纸样轮廓齐整，没有毛刺或毛刺均匀，说明凸、凹模间隙是均匀的。（ ）

25. 调好凸、凹模间隙后，钻、铰定位销孔，装入定位销钉，再将凸模固定板的紧固螺钉拧紧。（ ）

26. 测量法只适用于凸、凹模配合间隙（单边）在 0.02 mm 以下的模具。（ ）

27. 涂层法和镀铜法的涂层或镀层在模具使用过程中可以自行剥落而不必在装配后去除。（ ）

28. 连续冲裁模装配的关键是保证各凸模与其对应型孔都有均匀的冲裁间隙。（ ）

29. 连续模的导柱、导套比单工序模的导柱、导套要求有更高的导向精度。（ ）

30. 采用低熔点合金和黏结技术固定凸模，可以降低固定板的加工要求。（ ）

31. 装配连续模时，要特别注意保证送料长度和凸模间距（步距）之间的尺寸要求。（ ）

三、选择题（单项或多项选择）

1. 对于冲裁模，即使模具零件的加工精度已经得到保证，但是在装配时如果不能保证________均匀，也会影响制件的质量和模具的使用寿命。

A. 导柱过盈　　B. 冲裁间隙　　C. 配合过盈

2. 模柄（活动模柄除外）装入上模座后，其轴心线对上模座的上平面的垂直度误差在全长范围内不大于________ mm。

A. 0.03　　B. 0.05　　C. 0.08

3. 模具制造属于单件小批量生产，在装配工艺上多采用________装配法和________装配法来保证装配精度。

A. 完全互换　　B. 调整　　C. 修配　　D. 选择

4. 冲模的导柱、导套与上、下模座若采用压入式连接，压入时要注意校正导柱对上、下模座底面的________。

A. 平行度　　B. 垂直度　　C. 同轴度

5. 导套装配时应减小由于导套内、外圆同轴度误差而引起的孔________变化对模具运动性能的影响。

A. 圆柱度　　B. 平行度　　C. 中心距

6. 导套和导柱装配好后将模座组合在一起，在上、下模座之间垫以________垫块，再在检验平板上按规定的测量方向，检查模座上平面对底面的平行度。

A. 球形　　B. 平形　　C. V形

7. 模具的凹模若是组合式结构，凹模与固定板的配合常采用________。

A. H7/h6　　B. H7/m6　　C. H7/s6

8. 凸模与固定板的配合常采用________。

A. H7/s6　　B. H7/h6　　C. H7/m6

9. 低熔点合金浇入模具零件和固定板之间的间隙内，利用合金冷凝时的________，将模具零件固定在固定板上。

A. 体积收缩　　B. 体积不变　　C. 体积膨胀

10. 低熔点合金固定时对模具零件及固定板的精度要求________。

A. 不高　　B. 较高　　C. 很高

11. 浇注低熔点合金前应对模具零件及固定板的浇注部位进行预热，预热温度以________℃为宜。

A. 60 ~ 100　　B. 100 ~ 150　　C. 150 ~ 200

12. 低熔点合金熔化时温度不能过高，约在________℃为宜。

A. 100　　B. 150　　C. 200

13. 环氧树脂是琥珀色或________黏稠物质。

A. 淡黄色　　B. 淡绿色　　C. 淡红色

14. 磷苯二甲酸二丁酯作为________加入环氧树脂黏结剂中。

A. 硬化剂　　B. 增塑剂　　C. 填充剂

15. 乙二胺作为________加入环氧树脂黏结剂中。

A. 硬化剂　　B. 增塑剂　　C. 填充剂

16. 氧化铝和铁粉在环氧树脂黏结剂中作为填充剂，加入填充剂可以减少环氧树脂的用量、降低成本，同时还可以改善环氧树脂黏结剂的机械强度、热膨胀系数、收缩率等物理和________性能。

A. 化学　　B. 黏结　　C. 力学

17. 环氧树脂黏结剂中的________只能在黏结前放入。

A. 增塑剂　　B. 硬化剂　　C. 固化剂

18. 环氧树脂黏结前，应先用________对模具零件上需要浇注环氧树脂的表面进行清洗。

A. 盐酸　　B. 丙酮　　C. 乙二胺

19. 无机黏结剂是________溶液与氧化铜粉末的混合物。

A. 硫酸　　B. 盐酸　　C. 磷酸

20. 无机黏结法为了获得较高的黏结强度，黏结部分的单面间隙常在________mm 的范围内选择，黏结表面的粗糙度 Ra 小于________μm。

A. 0.05 ~0.1　　B. 0.1 ~1.25　　C. 1.25 ~1.5
D. 10　　E. 6.3　　F. 3.2

21. 测量法只适用于凸、凹模配合间隙（单边）在________mm 以上的模具。
A. 0.01　　B. 0.02　　C. 0.03

22. 垫片法是根据凸、凹模配合间隙的大小在凸、凹模的配合间隙内垫入厚度均匀的________垫片，以保证凸、凹模配合间隙均匀。
A. 棉布或纸条　　B. 棉布或金属　　C. 纸条或金属

23. 涂层法又称________。
A. 涂镀法　　B. 涂漆法　　C. 涂料法

24. 镀铜法的镀层厚度用________及电镀时间来控制，厚度均匀，易保证模具冲裁间隙均匀。
A. 铜的含量　　B. 电压高低　　C. 电流密度

25. 为便于装配和调整复合冲裁模，总装时应先将________插在凸、凹模之间来调整好两者的相对位置，完成冲孔凸模和落料凹模的装配后，再以它们为基准装配凸、凹模。
A. 固定板　　B. 卸料板　　C. 凸、凹模

26. 由于连续冲裁模在一次行程中多个凸模同时工作，保证各个________与其对应型孔都有均匀的冲裁间隙，是装配的关键所在。
A. 凹模　　B. 凸模　　C. 凸、凹模

27. 连续模的导柱、导套比________的导柱、导套要求有更高的导向精度。
A. 断续模　　B. 复合模　　C. 单工序模

四、名词解释

1. 低熔点合金固定法

2. 垫片法

3. 镀铜法

4. 涂层法

五、问答题

1. 试述冲裁模的装配技术要求。

2. 试述冲裁模导柱、导套的装配方法。

3. 试述冲裁模导柱的垂直度误差检测方法。

4. 用低熔点合金和黏结法固定模具零件有什么优缺点？

5. 试述配制环氧树脂黏结剂的方法。

6. 试述环氧树脂黏结模具零件的方法。

7. 不同结构的模具如何正确安排上、下模的装配顺序？

8. 在模具装配时，保证凸、凹模之间的配合间隙的方法有哪些？

9. 连续冲裁模的装配要注意哪些问题？

第三节　弯曲模和拉深模的装配

一、填空题

1. 弯曲模的作用是使坯料在________范围内进行弯曲，由弯曲后材料产生________而获得所要求的形状。

2. 在弯曲工艺中，由于材料________的影响，常使弯曲件在模具中弯成的形状与取出后的形状不一致。

3. 弯曲模进行试冲的目的除了找出模具的________加以修正和调整外，再一个目的就是为了最后确定制件的________。

4. 拉深工艺是使金属板料（或空心坯料）在模具作用下产生塑性变形，变成________制件。

二、判断题

1. 弯曲模的导套、导柱的配合要求应略高于冲裁模。（　）

2. 弯曲模的凸模和凹模多在试模合格以后才进行热处理。（　）

3. 弯曲模进行试冲的目的就是为了最后确定制件的毛坯尺寸。（　）

4. 弯曲模的调整工作比一般冲裁模要复杂得多。（　）

5. 拉深模的凸、凹模的工作端部有锋利的刃口。（　）

6. 通常拉深模工作零件的表面粗糙度值要比冲裁模高。 （ ）

7. 即使组成零件制造很精确，装配得也很好，拉深出的制件也不一定合格。 （ ）

8. 拉深模的试冲件如果不能满足原来的设计要求，可对毛坯进行适当修改，再进行试冲，直至制件符合要求。 （ ）

三、选择题（单项或多项选择）

1. 为了保证冲裁件的加工质量，在装配连续模时要特别注意保证送料长度和________之间的尺寸要求。

A. 凸模间距　　B. 凹模间距　　C. 凸、凹模间距

2. 弯曲模的导套、导柱的配合要求________冲裁模。

A. 略低于　　B. 相当于　　C. 略高于

3. 在弯曲工艺中，由于材料________的影响，常使弯曲件在模具中弯成的形状与取出后的形状不一致，从而影响制件的形状和尺寸要求。

A. 回弹　　B. 韧性　　C. 塑性

4. 弯曲模的凸模和凹模多在________进行热处理。

A. 精加工以前　　B. 装配以前　　C. 试模合格以后

5. 弯曲模进行试冲的目的除了找出模具的缺陷加以修正和调整外，再一个目的就是为了最后确定制件的________。

A. 弯曲角度　　B. 毛坯尺寸　　C. 工件尺寸

6. 拉深模即使组成零件制造很精确，装配得也很好，但由于材料________变形的影响，拉深出的制件也不一定合格。

A. 弹性　　B. 塑性　　C. 热处理

7. 拉深模制造完毕，试冲后的________工作是十分重要的。

A. 调整　　B. 修整　　C. 修缮

四、名词解释

弯曲模

五、问答题

1. 弯曲模的装配有何特点？

2. 拉深模的装配有何特点？

3. 拉深模试冲的目的有哪些？

第四节 塑料模的装配

一、填空题

1. 塑料模凸模在压入过程中要注意校正型芯的________，防止压入时________和____________________。

2. 固定型芯的骑缝螺钉孔应安排在型芯________之前进行。

3. 浇口套的________不允许有导入斜度，应将导入斜度开在______上浇口套配合孔的入口处。

4. 长导柱应在定模板上的________装配完成之后，以________导向将导柱压入动模板内。

5. 导柱、导套装配后，应保证动模板能__________、无______现象。

二、判断题

1. 塑料模装配与冷冲模装配有许多相似之处，但在某些方面其要求更为严格，修配的工作量更大。 ( )

2. 采用骑缝螺钉固定型芯，骑缝螺钉孔加工应安排在型芯热处理之后进行。 ( )

3. 模具装配时零件位置调整好后，钻、铰销钉孔时应将连接的两件同时钻、铰。 ( )

4. 对于压入式配合的型腔其压入端一般都有导入斜度。 ( )

5. 塑料模具型腔的某些工作表面不能在热处理前加工到要求尺寸，可以在装配后采用电火花机床、坐标磨床等对型腔进行精修，以达到设计要求。 ( )

6. 塑料模装配后，有时要求型芯和型腔表面或动、定模上的型芯在合模状态下紧密接触，在装配中采用修配法来达到其要求，是模具制造中广泛采用的一种经济有效的方法。 ( )

7. 浇口套与定模板采用过渡配合。 ( )

8. 浇口套的压入端允许有导入斜度。 ( )

9. 浇口套的压入端倒成小圆角，压入定模座板后使圆角突出在模板之外，然后在平面磨床上磨平。 (　　)

10. 长导柱应在定模板上的导套装配完成之后，以导套导向将导柱压入动模板内。 (　　)

11. 导柱数多于两根时，最先装配的应是距离最远的两根导柱。 (　　)

三、选择题

塑料模装配后，有时要求型芯和型腔表面或动、定模上的型芯在合模状态下紧密接触，在装配中可采用________来达到其要求。

A. 互换法　　　　B. 调整法　　　　C. 修配法

四、问答题

1. 塑料模的型芯在固定板上的固定方式有哪些？

2. 试述塑料模型芯的装配顺序。

3. 导柱、导套装配后有卡滞现象应如何消除？

第七章　模具加工技术的发展

第一节　高效精密机床

一、填空题

1. 机械技术和数字控制技术的密切结合，促使模具加工机床向________的方向发展。

2. 数控加工中心在加工时，工件只要一次装夹后能完成较多的加工内容，减少了__________的制造，避免了__________误差。

3. 数控连续轨迹坐标磨床不仅可以磨削圆形孔，而且还可以按设定程序和连续轨迹磨削__________的凸模和凹模。

4. 数控连续轨迹坐标磨床加工精度很高，是制造________的高效、精密机床。

5. 高速铣削加工是采用高的_______、高的_________和小的_______进行铣削加工。

二、判断题

1. 数控机床加工增加了模具零件加工质量对操作者技能的依赖。（　　）
2. 数控加工中心是把铣削、镗削、钻削和螺纹加工等功能集中在一台设备上。（　　）
3. 数控铣和数控加工中心都设置有刀库。（　　）
4. 数控连续轨迹坐标磨床的加工精度很高。（　　）
5. 高速铣削适合于温度和热变形敏感材料。（　　）
6. 高速铣削不能铣削硬度在 60HRC 以上的钢材。（　　）
7. 高速铣削加工不适用于薄壁及刚性差的零件加工。（　　）

三、选择题

1. 加工中心设置有_______存放着不同数量的各种刀具或检具，在加工过程中由程序自动选用和更换。这是它与一般数控机床的主要区别。

A. 数控系统　　　　B. 自动进给机构

C. 刀库　　　　D. 误差补偿系统

2. 高速铣削加工精度可达_______μm，表面粗糙度值 $Ra \leqslant$_______μm，减少了后续磨削及抛光工作量。

A. 1　　　　B. 8

C. 12　　　　D. 15

四、名词解释

数控加工中心

五、问答题

1. 数控机床加工有哪些优点？

2. 高速铣削加工有哪些特点？

3. 热喷涂技术具有哪些优点？

第二节　模具计算机辅助设计和制造技术

一、填空题

计算机集成制造系统（CIMS）中，______系统应用于模具的整体结构和零部件的设计，______系统应用于模具成形工作过程的模拟和分析，________系统应用于模具零件的加工工艺设计，______系统应用于模具零件的加工生产。

二、判断题

1. 现代的 CAD/CAM 系统很容易进行二次开发。　　（　　）
2. 模具专家系统可以模拟人类专家在模具设计时的决策过程。　　（　　）

三、选择题

CAPP 系统应用于模具________。

A. 成形工作过程的模拟和分析

B. 零件的加工工艺设计

C. 零件的加工生产

D. 整体结构和零部件的设计

四、名词解释

1. 模具 CAD/CAM 的开放性

2. 模具 CAD/CAM 的集成化

五、问答题

1. 什么是 CAD/CAM 的标准化及其作用？

2. 试述模具专家系统的作用。

第三节 模具表面硬化处理

一、填空题

1. 热喷涂技术是利用如____、____、__________、____等某种热源，将粉末状或丝状的金属或非金属材料加热到熔融或半熔融状态，然后借助外加的高速气流雾化，并以一定的速度喷射到经过预处理的模具零件表面，与之结合而形成具有各种功能的表面覆盖涂层的一种技术。

2. 热喷涂技术主要有__________技术、__________技术、___________技术、_____________技术、__________技术五大类。

3. TD 覆层处理技术中应用最广泛的是_____覆层，覆层硬度可达 2 800 ~3 200HV。

4. 多元复合陶瓷膜表面强化技术能同时提高零件________、______和________。

二、判断题

1. 热喷涂技术可喷涂材料几乎包括所有固态工程材料。 ( )
2. 解决拉深模拉伤问题可以采用 TD 覆层处理中的碳化钒覆层处理。 ( )
3. TD 覆层处理温度低，处理过程不会使工件产生变形甚至开裂。 ( )
4. 离子渗氮温度的高低直接影响渗氮速度、硬度及渗氮层组织。 ( )
5. 多元复合陶瓷膜表面强化技术适用材料的范围较窄。 ( )

三、选择题

1. 超音速火焰喷涂的碳化钨涂层硬度可达________。

A. 55HRC　　　　B. 65HRC

C. 75HRC　　　　D. 85HRC

2. TD 覆层处理碳化钒覆层是解决________问题经济而有效的方法之一，可以提高工模具或零部件寿命数倍至数十倍。

A. 冲裁模刃口变钝　　　　B. 拉深模拉伤

C. 弯曲模回弹　　　　D. 冲裁模刃口崩刃

四、名词解释

1. 多元复合陶瓷膜表面强化技术

2. 离子渗氮技术

3. TD 覆层处理技术

4. 热喷涂技术

五、问答题

多元复合陶瓷膜表面强化处理具有哪些优点？

第四节　新型模具材料

一、填空题

1．热作模具钢主要性能要求为：在工作温度下具有较高的________、__________、________、_______、_______及抗冷热疲劳性。

2．塑料模具钢要求具有较高的_____、良好的_________、良好的_______、良好的_____、优良的_____、小的________、优良的_______、硬度均一性和良好的抗塑性变形性能。

二、判断题

1．冷作模具钢必须具备一定的韧性。（　　）

2．塑料模具为了得到极低的表面粗糙度值，常采用电渣重熔或真空精炼的方法提高钢的纯净度。（　　）

三、选择题

1．为改善塑料模具钢的切削加工性，钢中加入_______等元素。

A．Ni、Cr　　B．Cu、Ti

C．S、Pb、Ca　　D．Mo、V

2．当冲裁厚的板材和钢带时，模具冲裁刃口会承受很高的拉应力，所以要求模具必须具有很高的_______才不至于开裂。

A．塑性　　B．韧性

C．强度　　D．硬度